昆虫学校秘密档案

形形色色繁殖谱

纸上魔方 编绘

北方妇女儿童出版社
·长春·

神奇的昆虫王国

地球上的昆虫共同组成了一个庞大的家族，这些昆虫四处安家，踪迹几乎遍及全世界各个角落。

我们常见的昆虫体形小巧，却有着异常顽强的生命力。什么原因使得它们经久不亡？它们怎样相亲、找对象？它们怎样享受丰盛的宴席？它们有着哪些奇妙的本领？昆虫世界会不会发生激烈大混战……让我们一同探究神秘的昆虫王国吧！

古时候昆虫长什么样？

地球上最早的昆虫大约出现在距今4亿年前，也就是古生代时期。时光转到中生代，长翅膀的昆虫出现了。据说，原始蜻蜓体格非常健壮，它双翅展开的长度已经超过70厘米。这是因为，当时大地上不仅植物生长旺盛，而且敌对生物种类稀少，如此自然环境十分有利于昆虫的生息繁衍。

但是，漫长的岁月长河里，昆虫的敌人越来越多了，为了躲避种种致命追击，它们逐渐把自己的身体变小了。

昆虫和虫子是一回事吗？

答案显然是否定的，昆虫绝不等于虫子，准确地说，虫子的概念比昆虫大，而且不止大上一点点。我们说蜘蛛是虫子，但它不是昆虫。因为蜘蛛只有脑袋和胸部，它没有肚子，昆虫有肚子；蜘蛛有8条腿，昆虫只有6条腿。

漂亮的虎凤蝶为啥要装死？瓢虫怎样度过寒冷的冬天？黏虫大迁徙有着怎样的危害？飞蛾为啥要扑火……昆虫家族的秘密，你究竟了解多少呢？

昆虫也有自己的王国？

目前世界上已知的昆虫种类超过了100万种，它们堪称是一个庞大的部落。我们最常见到的甲虫，种类就超过了33万种。如果按照进食特点划分，可以把昆虫分为：植食性、肉食性、腐食性、粪食性等类别。

植食性昆虫如：蝗虫、蟋蟀、蝼蛄。

肉食性昆虫如：蚂蚁、螳螂。

腐食性昆虫如：苍蝇。

粪食性昆虫如：粪金龟、蜣螂。

目录

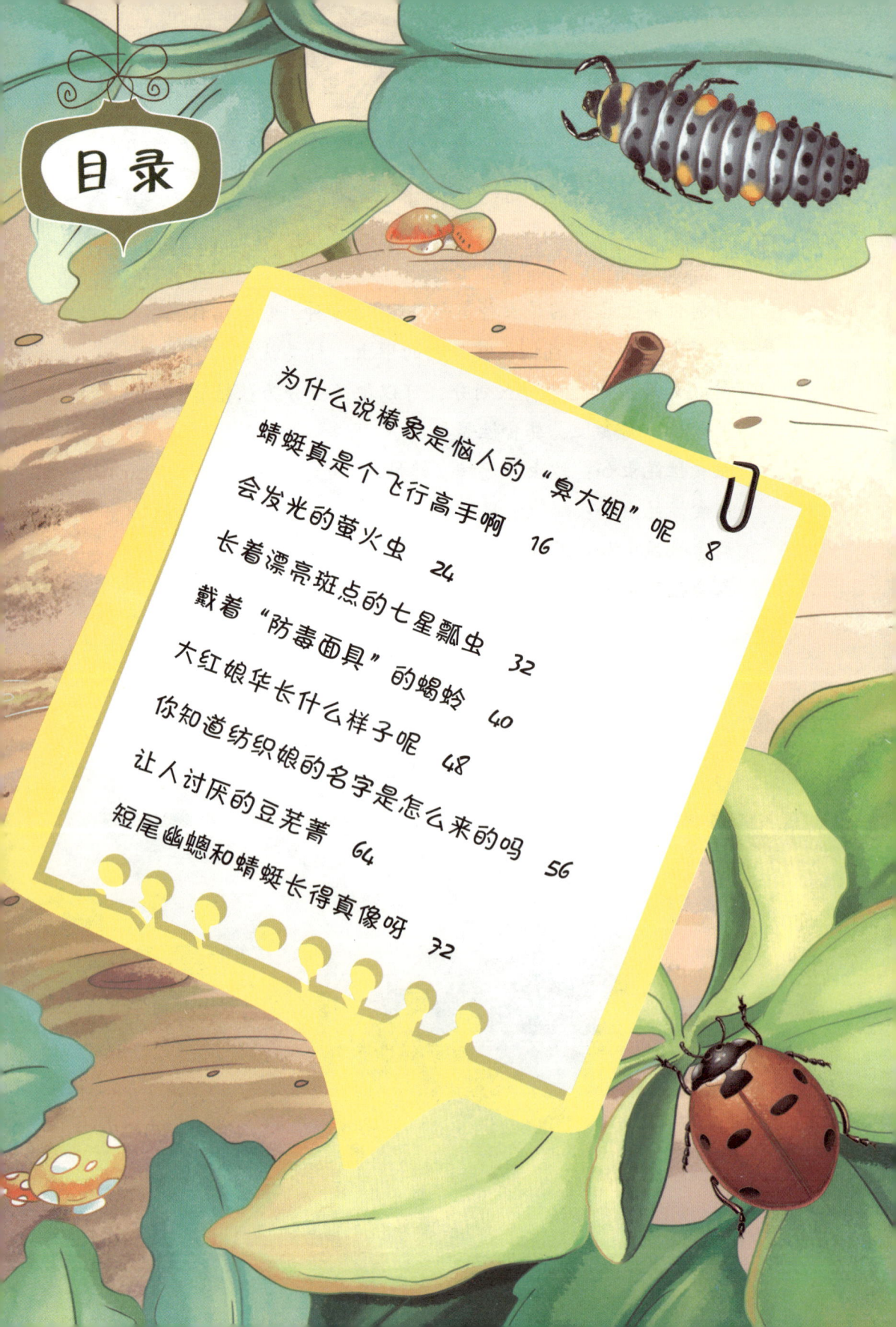

为什么说椿象是恼人的"臭大姐"呢 8

蜻蜓真是个飞行高手啊 16

会发光的萤火虫 24

长着漂亮斑点的七星瓢虫 32

戴着"防毒面具"的蝎蛉 40

大红娘华长什么样子呢 48

你知道纺织娘的名字是怎么来的吗 56

让人讨厌的豆芫菁 64

短尾幽蟌和蜻蜓长得真像呀 72

目录

带着"大镰刀"的螳螂 80

黄腹鹿子蛾还会假冒胡蜂呢 88

蚕宝宝变成的家蚕蛾 96

善于跳跃的台湾大蝗 104

芋头田里的拟稻蝗 112

无尾凤蝶真没有尾巴吗 120

黑凤蝶长得黑黑的吗 128

平凡且漂亮的桦斑蝶 136

为什么说椿象是恼人的"臭大姐"呢

观察笔记

食物：植物嫩叶，果实汁液，小昆虫

居住地：植物枝叶

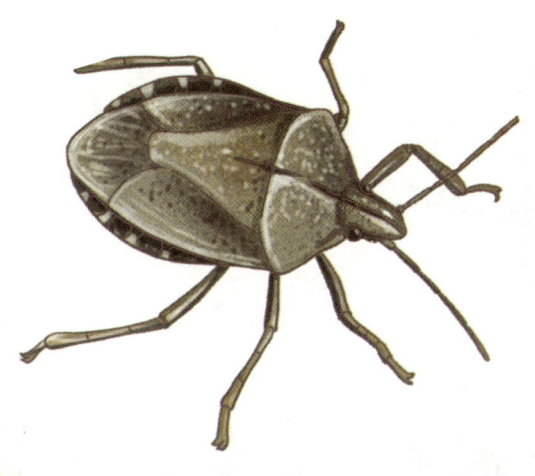

椿象体形不是太大，但是它可以通过身体的臭腺放出臭气，因此被人们称为"臭大姐"。椿象在世界各地都有分布，大多数是以植物的叶子和汁液为食，极少数是以一些小昆虫为食。它们大部分是害虫，对农林业危害很大。

椿象种类繁多,分布比较广泛。它们的飞翔能力很强,白天一般不活动,清晨和晚上才是它们的活跃期。

椿象一年会繁殖好几代。春季是椿象的繁殖期。这个时候,雄椿象就凭借其身体艳丽的颜色以及身上臭腺释放出的特殊气味来吸引雌椿象。

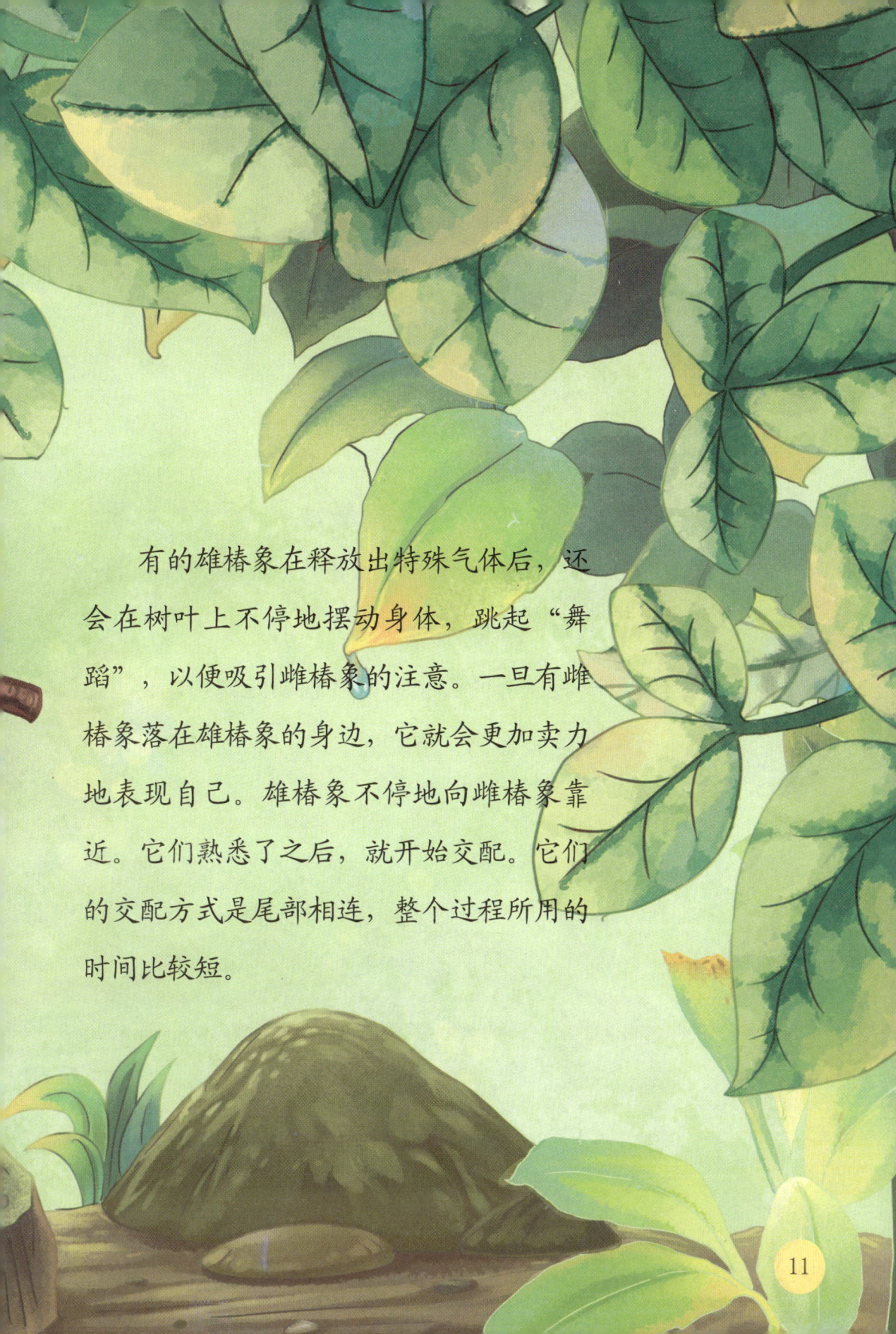

　　有的雄椿象在释放出特殊气体后,还会在树叶上不停地摆动身体,跳起"舞蹈",以便吸引雌椿象的注意。一旦有雌椿象落在雄椿象的身边,它就会更加卖力地表现自己。雄椿象不停地向雌椿象靠近。它们熟悉了之后,就开始交配。它们的交配方式是尾部相连,整个过程所用的时间比较短。

交配完成以后，雌椿象就开始寻找适合的产卵场所。它们有的会把卵产在植物表面，这些卵一般是圆圆的，整齐排列在一起；有的会把卵产在植物组织内，这些卵是长形的，有卵盖，可以帮助若虫冲破卵壳。

一般来说,春天平均气温达到10℃左右,果树开始发芽的时候,椿象的第一代就开始孵化了。第二代一般在6月上旬,第三代一般在7月中旬,第四代一般在8月中旬。成虫的寿命不是很长,一般一个月左右,最长不会超过两个月。

椿象身体构造

触角
较长，4节或者5节。

口器
刺吸式口器，长喙状，可以刺入植物内吸食汁液，一般是4节。

胸部
前胸有较大的背板，呈六角形，中胸有比较发达的小盾片。

头部
较小，有触角、单眼和复眼，头部前端伸出口器。

复眼
位于单眼前方，有两个单眼。

腹部
通常为10节，侧面有气门。雌性腹部第8节有生殖孔，由两个产卵瓣组成。

翅膀
为半鞘翅，前翅的前端是革质的，不透明；末端是膜质的，半透明；后翅是膜质的。

请把椿象的交配图准确连线

观察笔记

食物：蚊子等有害昆虫

居住地：池塘，河边

夏天的时候，我们在池塘边或者河边，经常能看到成群的蜻蜓漫天飞舞。蜻蜓不仅拥有色彩斑斓的翅膀，同时也拥有高超的飞行技术。它们的飞行能力非常强，每秒钟能飞行10米，可以上下左右飞，甚至还能倒着飞呢。所以说，蜻蜓是名副其实的飞行高手。

蜻蜓是眼睛最多的昆虫,它的复眼非常发达,真的可以做到眼观六路,而且能够测速,便于捕捉飞行着的小昆虫。

蜻蜓的一生经历卵、若虫、成虫三个阶段。蜻蜓的求偶和交配是比较特别的。到了繁殖的季节,雄虫就会成片在天空中飞,一边飞翔,一边寻找合适的配偶。

一旦看到它喜欢的雌虫，它就会立刻飞到雌虫身边，和雌虫一起飞翔，通过近距离交流引起雌虫的注意，获取雌虫的好感。一旦成功了，它们就会进入交配过程。

蜻蜓的交配过程非常有意思。一般来说,雄虫首先用腹部末端特殊的便于抱握的器官抓住雌虫的腹部或者前胸,这个动作主要是引诱雌虫将腹部弯曲,与雄虫腹部末端的交尾器相结合。

雌虫得到雄虫的这个引导后,就会主动弯曲腹部,迎合雄虫,完成交配。蜻蜓交配的时间各不相同,有的数秒钟就可以完成,有的需要几个小时,差别很大。有的是在空中一边飞一边完成交配过程,有的则是停下来,在地面上完成交配过程。

交配完成以后，雌虫和雄虫就会彼此分开，雌虫会寻找合适的地方产卵。有的蜻蜓是交配以后立刻产卵，有的可能经过几天才产卵。我们有时看到的"蜻蜓点水"其实就是雌虫在产卵。

蜻蜓身体构造

口器
咀嚼式。上颚比较发达,便于嚼碎食物。

触角
一对儿,非常细,而且非常短。

复眼
比较发达,还能够测速。

头部
不大,复眼占据了头部的绝大部分,头部还有触角和咀嚼式口器。

翅膀
2对儿,大小相等,膜质,透明,翅脉是网状的,非常清晰。翅膀的前缘都有翅痣。

胸部
腿位于胸部,细长,腿上有钩刺,这样可以在空中飞行的时候捕捉猎物。

腹部
细长,一般是扁形和圆筒形,腹部末端有肛附器,便于交配。

请把蜻蜓的交配图准确连线

观察笔记

食物：小的软体动物，如蜗牛、钉螺等

居住地：杂草丛，沟壑边，芦苇地带

夏天的时候，我们经常能看到萤火虫的身影。它们不停地飞来飞去，身体还发出黄绿色的亮光，特别漂亮。晚上的萤火虫是最为活跃的，也是它们求偶交配的时候。萤火虫成虫的寿命比较短，一般为五天左右，最长的也就半个月。

萤火虫在日落以后的几个小时内是最活跃的,尤其是夏天的晚上。雄萤火虫飞行一段时间后,会落在一个地方,继续发光。它们这是在寻找配偶。

雌萤火虫是不会飞行的,但是它们看到雄萤火虫发出的光以后,可以发出更亮的光来回应。如果雄萤火虫发现了雌萤火虫的光,就会飞到附近的草丛中停下来,继续发光,并循着雌萤火虫发出的光,找到雌萤火虫。

经过多次用光来传达信息之后,它们就会交配。交配结束后,雌萤火虫和雄萤火虫就会减弱光亮,回到草丛中。用不了多长时间,雌萤火虫就开始产卵了。

　　它一般会将卵产在潮湿的腐叶、朽木上，每次产下数百粒的卵，而这些卵也是闪闪发光的，很漂亮。

　　卵经过三周左右开始孵化，变成幼虫，再经过一段时间变成蛹，大约两个月后才变成成虫。

萤火虫身体构造

触角
一对儿，在头的前方，两眼之间触角之间的距离很近，总共为11节，锯齿状。

复眼
呈半圆球形，视觉非常发达，对光非常敏感。雄虫的复眼一般比雌虫的复眼大。

头部
很小，头部有一对儿触角和复眼，头部可以缩到前胸背板中。

口器
咀嚼式，大部分种类的口器已经退化。

胸部
红色，前胸背板非常发达。

腹部
腹部有腹板6至7节，在腹部末端长有发光器，可发出荧光。

翅膀
2对儿，前翅是革质的，非常坚硬，不透明；后翅是膜质的，半透明，翅脉比较明显。

请把萤火虫的交配图准确连线

观察笔记

食物： 蚜虫、介壳（qiào）虫、粉虱、叶螨等

居住地： 植物叶子

我们平时看到的七星瓢虫都非常可爱，整个身体就像一个半球，背上有7个小斑点，看起来很漂亮。七星瓢虫的食物主要是农业害虫，因此深受人们的喜爱，是人类的好朋友，甚至还被人称为"活农药"。

七星瓢虫是一种甲虫类生物,一生经历卵、幼虫、蛹、成虫四个阶段。七星瓢虫是自然界里少有的交配能力强大的昆虫,也是交配最频繁的昆虫,一天中大约有9个小时都在交配,这太让人震惊了!

七星瓢虫到了繁殖季节，雄虫就开始四处寻找配偶，准备交配、繁殖。它会在雌虫经常出没的地方转悠，一旦发现自己满意的雌虫就迅速飞到它的身边，通过近距离的接触来博得雌虫的好感。雄虫会用它坚硬的壳去摩擦雌虫的壳，通过短暂的亲密交流，如果雌虫对雄虫有意思的话，它们就继续摩擦身体。

慢慢地，雄虫就会爬到雌虫的背上，但是身体比雌虫要靠后一些，这样才方便平时缩在身体里的生殖器伸出体外，完成整个交配过程。完成交配以后，雌虫就准备产卵了。它一般都是将卵产在蚜虫比较多的小树枝和树干上，这样卵一变成幼虫就可以有充足的食物保证。七星瓢虫每年夏天可以繁殖好几代。

七星瓢虫身体构造

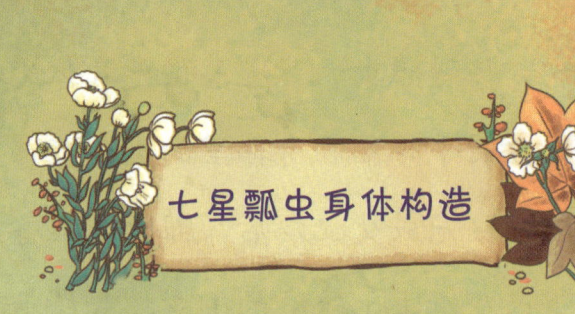

口器
咀嚼式，上颚发达，便于嚼碎食物。

触角
短小，位于头部上方，比较敏感。

复眼
一对儿，位于头部两侧，复眼非常发达，为椭圆形。

翅膀
前翅是鞘翅，质地非常坚硬；后翅是膜质，非常宽大，翅脉比较少，被前翅覆盖。

头部
较小，头式为下口式。头部有触角、咀嚼式的口器和复眼。

胸部
发达，能活动，前胸背板形成一个骨片，非常坚硬，起到保护身体的作用。

腹部
生殖器官位于腹部，平时缩在体内，不外露，交配或者产卵的时候可以伸出体外。

请把七星瓢虫的交配图准确连线

戴着"防毒面具"的蝎蛉

观察笔记

食物：各种昆虫，苔藓类植物

居住地：森林，峡谷，植被茂密的地区

蝎蛉大多出现在森林、峡谷或者其他植被茂密的地方。它给我们的第一感觉就是它那长长的喙，看起来就像是一个戴着防毒面具的家伙，真是非常可爱。此外，还有它那看起来特别像蝎子尾巴的腹部，也让我们印象深刻。但是，蝎蛉既不咬人，也不刺人。

蝎蛉的数量比较少,不是太常见。蝎蛉的求偶行为很复杂:首先雄蝎蛉会捕捉一个猎物,作为讨好雌蝎蛉的礼物。准备好礼物后,雄蝎蛉就开始到处飞翔,寻找合适的场所,然后通过腹部的腺体释放一种特殊的气味来吸引雌蝎蛉。

找到自己满意的雌蝎蛉后,雄蝎蛉就将自己准备好的礼物送给它。就在雌蝎蛉享受礼物的时候,交尾就发生了。

这时,雌蝎蛉的腹部末端会向上翘起,将生殖孔开口打开。雄蝎蛉这时也会将腹部扭转,配合雌蝎蛉完成整个交配过程。

几分钟后,交配结束,雌雄蝎蛉就分开了,这时雄蝎蛉的腹部也扭转过来,恢复到平时的状态。雌蝎蛉这个时候就开始准备产卵了。而雄蝎蛉会在下次觅食前将雌蝎蛉吃剩下的礼物吃光。

蝎蛉身体构造

触角
分为很多节，通常都比较细长，呈丝状。

口器
咀嚼式，上颚发达，强壮有力，便于捕捉猎物，方便进食。

复眼
位于头部两侧，非常发达，占据头部的绝大部分，非常敏感。

头部
头部很小，下口式，向下延长成喙状，头部有触角、口器和复眼。

胸部
前胸比较短小，中胸和后胸相对较长。

腹部
腹部细长，分为10节，尾须短小，不分节。

翅膀
翅膀比较狭长，半透明，两对儿翅膀的大小、翅脉和形状都比较相似。

请把蝎蛉的交配图准确连线

大红娘华长什么样子呢

观察笔记

食物： 水生小动物，如蝌蚪、水蚤、鱼苗等

居住地： 水田，池塘，沼泽

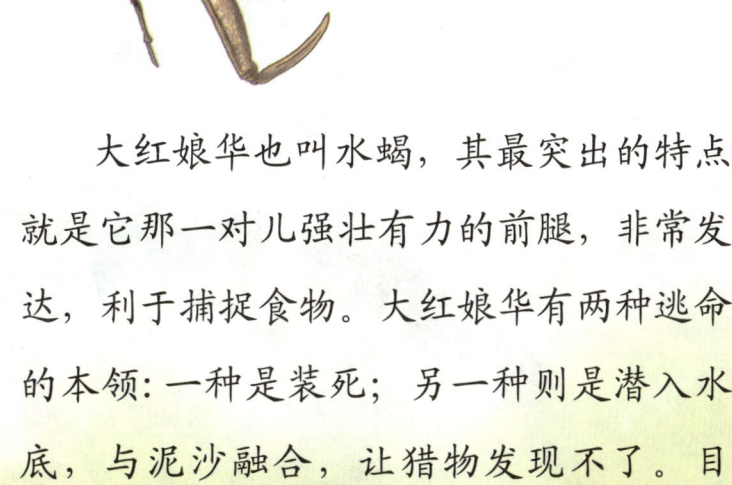

大红娘华也叫水蝎，其最突出的特点就是它那一对儿强壮有力的前腿，非常发达，利于捕捉食物。大红娘华有两种逃命的本领：一种是装死；另一种则是潜入水底，与泥沙融合，让猎物发现不了。目前，大红娘华已经濒临绝种。

大红娘华主要生活在水田。它们一般会静静躲在水中，等待猎物靠近，一旦猎物到了攻击范围，它就会迅速发起攻击，用强壮的前腿并用嘴咬住猎物，向猎物体内注入消化液。当猎物尸体被溶化以后，它们就开始吸食了。

大红娘华一般在池塘、水田等的底层石缝中或者泥土中过冬，直到三月份的时候才开始出来活动。一般情况下，五月份是它们交配产卵的季节。雄虫为了能够找到雌虫，就会在水中植物的茎秆上等待，有的也会在水中不停地游动，到处寻找。

　　它们用强壮的前腿拨动水面，在水中快速行走。而这个时候，雌虫一般待在茎秆上。当雌虫和雄虫靠得很近的时候，雄虫就会停下来，在附近的水面上跑来跑去，像是在跳舞，这也是为了博得雌虫的好感。

　　经过一段时间的交流，雄虫就爬到雌虫的背上，完成整个交配过程。然后，雌虫将卵产在水中植物茎秆上。

大红娘华的卵很小,只有5毫米左右,是白色的,每个卵上都有8条须状结构。

大红娘华身体构造

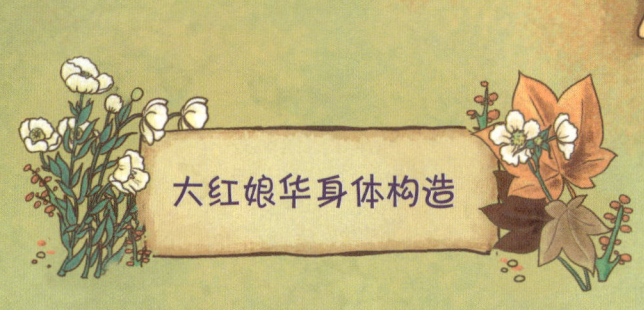

触角
触角有3节，位于头部，不是很长。

口器
刺吸式口器，喙有3节，颚非常强壮，可以向猎物注入消化液，体外消化，然后吸食。

复眼
有一对儿复眼，球形，向外突出，一般是黑色的。

头部
头部很小，一般都是隐藏在前胸中。

胸部
前胸非常长，一般是颈状，前胸背板比头部还宽。

翅膀
有2对儿翅膀，前翅膜质，不透明，黑色的，后翅半透明，被前翅覆盖住，一般情况下看不到。

腹部
腹部隆起，末端有产卵瓣，三角形的，腹部末端是呼吸管。

请把大红娘华的交配图准确连线

你知道纺织娘的名字是怎么来的吗

观察笔记

食物：南瓜、丝瓜的花瓣，树叶

居住地：瓜藤上的茎和叶之间

我们看到的纺织娘长5至7厘米左右，颜色非常多，有绿色的，有红色的，还有褐色的。纺织娘通常喜欢在夜间活动。雄性纺织娘的前肢在摩擦时，会发出"沙沙沙"或"咯吱咯吱"的声音，听起来就像是古代纺织机在织布一样，所以人们就给它取名叫"纺织娘"。

纺织娘之所以能鸣叫,是因为它们的前肢上有发声器。但是,只有雄纺织娘才有这种特殊的"乐器",雌纺织娘没有,所以这也算是雄纺织娘的一项专利。

纺织娘并非只在夏天鸣叫，它可以一直叫到深秋。夏天，正是高音歌王——蝉叫得最欢的时候，因而纺织娘的叫声就很容易被人们忽视。但是在夏秋交接的时候，纺织娘的优势就显示出来了。

纺织娘的求偶方式比起许多昆虫来要优雅得多,雄性纺织娘会充分利用它们的鸣叫来获取雌性纺织娘的"欢心"。有时,它们甚至会通过"赛歌会"来赢得情侣的芳心。

每到夏秋季的晚上,雄虫就会在野外的草丛里鸣叫,尤其在萧瑟的秋风中,这个时候的虫鸣声听起来更为动听。雌虫会循声飞来,把头埋入雄虫翼下,主动与雄虫交配。不过雌虫却不是很专一,有时会与多只雄虫交配。

纺织娘身体构造

触角
又细又长，总是向后立起，一直垂到尾部。

复眼
纺织娘有一对儿复眼，位于长长的触角两端，呈椭圆形。

头部
又短又圆又小，上面长有一对儿复眼和一对儿触角。

口器
咀嚼式，由唇和颚、舌组成。

胸部
前胸背部有背板，背面很平坦，上面有3条横沟。

腹部
腹部的颜色代表着纺织娘的年龄，绿色、绿白色和淡红色表示很年轻；而颜色发黄且无光泽，就表示很老了。

翅膀
非常发达，后翅很长，前翅比后翅短一些，雄纺织娘的发声器就在翅膀上。

请把纺织娘的交配图准确连线

让人讨厌的豆芜菁

观察笔记

食物： 植物的嫩叶

居住地： 植物枝叶

豆芫菁个头儿不大，大约一两厘米，整个身体除了红色的头部外都是黑色的，很引人注目。豆芫菁对大豆和其他的豆科植物危害很大，不仅吃其叶子，还可以吃掉其花瓣，造成豆科植物不能结果。所以说，它是一个让人非常讨厌的"红头贼"。

豆芜菁一般在白天活动。到了繁殖季节，雄豆芜菁就会到处寻找雌豆芜菁完成交配。它们不像其他昆虫那样快速求偶，而是不急不躁的。当一只雄豆芜菁发现了"对眼"的雌豆芜菁后，它就会慢慢地爬到对方身上。然后，雄豆芜菁用自己的触角卷住雌豆芜菁的触角，并不断地抖动自己的触角，让它的触角和雌豆芜菁的触角摩擦，这是它们独特的沟通方式。

如果雌豆芫菁也对雄豆芫菁有意思的话，它就会随着雄豆芫菁触角抖动的节奏一起摇摆。这个时候，雄豆芫菁不会立即停下来交配，得到雌豆芫菁的回应后，它会继续摩擦雌豆芫菁的背部，最后才完成整个交配过程。交配完成后，雌豆芫菁会把卵产在土中大约5厘米深的地方，每次产卵70至150粒。

豆芫菁的一生经历卵、幼虫、蛹、成虫四个阶段。非常有意思的是,豆芫菁的成虫主要吃叶子,而它的幼虫却是肉食性的,主要以蝗虫的卵为食,要是找不到蝗虫卵,它的幼虫就会饿死。

豆芫菁身体构造

触角
为11节。雄虫触角的最后4节扁又宽,而雌虫触角是丝状的,也有念珠状的。

口器
咀嚼式。上唇非常突出,上颚是弯曲的,下颚有4节须,比较瘦。

复眼
较大,左右分开,位于头部两侧。

头部
较小,颜色鲜红,是下口式,表面光滑。

胸部
前胸两侧有灰白色绒毛。

腹部
有2列细齿,腹节有6腹板。股部也偶尔有灰白色绒毛。

翅膀
2对儿。前翅是鞘翅,不透明,黑色,比较坚硬;后翅较小,被前翅盖住。

请把豆芜菁的交配图准确连线

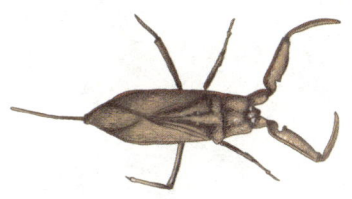

短尾幽蟌和蜻蜓
长得真像呀

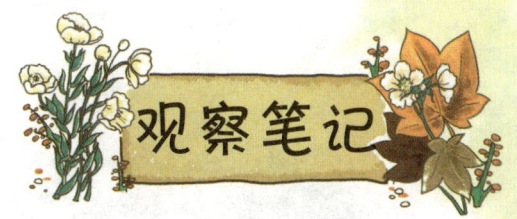

观察笔记

食物：体形非常小的蚊、蝇和蚜虫等各种小昆虫

居住地：山区，小溪附近，池塘

短尾幽蟌（cōng）喜欢在白天的时候在水域附近飞来飞去。短尾幽蟌和蜻蜓长得很相像，但不善于长距离飞行。休息的时候，短尾幽蟌的翅膀总是立起来的，好像在随时等待起飞。

短尾幽螈主要生活在水边有水草的地方,这样便于活动、觅食、求偶、产卵。经过一段时间的生长,进入成熟期后,短尾幽螈就开始准备求偶、产卵了。

夏天是短尾幽蟌求偶、繁殖的季节。雄虫会在天空中飞来飞去,利用它鲜艳的颜色吸引雌虫的注意,一旦遇到比较感兴趣的雌虫,它就会跟在雌虫身后,和雌虫保持很近的距离,雌虫往哪里飞,雄虫就会跟到哪里。

假如雌虫对雄虫也有意思,雄虫就会飞到雌虫的上方,然后抓住雌虫的头,雄虫在雌虫上方,一起飞行。

这个时候,它们就开始交配了。雄虫把腹部向下弯曲,将生殖器官贴近雌虫尾部末端的生殖孔,进行受精,完成整个交配过程。

　　交配完成以后,雌虫就开始选择产卵的地点。它一般会选择将卵产在水面上植物的茎内,或者水中的水草茎内,也会选择将卵产在水边的石头块或者其他杂物上,甚至有时候也会像蜻蜓一样,将卵产在水面上。

短尾幽蟌身体构造

复眼
比较发达，位于头部两侧，占到了头部的绝大部分。两只复眼之间的距离非常大，就像一个哑铃。

头部
较小，有触角、发达的复眼和咀嚼式口器。

触角
一对儿，非常短小，呈刚毛状。

口器
咀嚼式，有发达、坚硬的上颚，便于嚼碎食物，便于进食。

胸部
较小，没有发达的肌肉。雄虫胸部有黑黄亮色的条纹。

腹部
比较细瘦，就像是一个圆棍。雌虫的生殖器官位于末端，雄虫腹部末端是白色的。

翅膀
2对儿翅膀的大小几乎一样，休息的时候2对儿翅膀是立起来的，叠在一起。它的飞行能力比较弱，不能长距离飞行。

请把短尾幽蟌的交配图准确连线

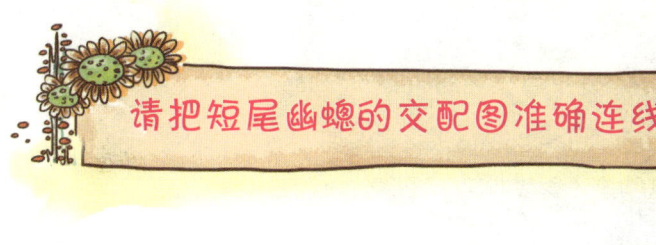

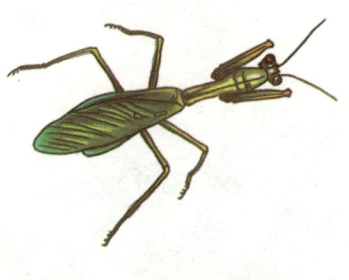

带着"大镰刀"的螳螂

观察笔记

食物：各种昆虫和小动物

居住地：田间，林区

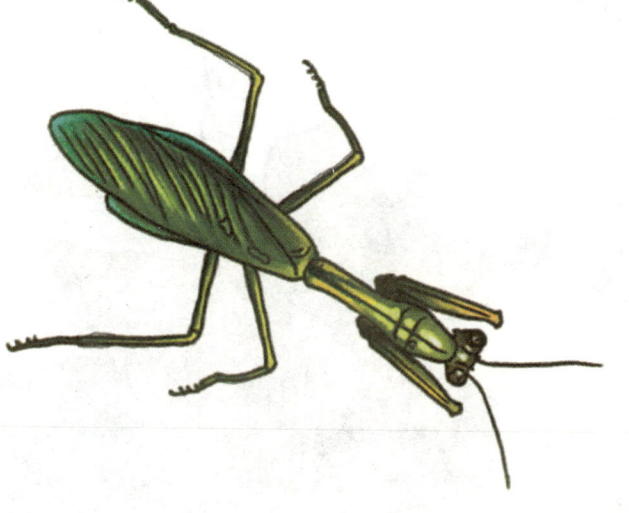

螳螂，也叫刀螂，是一种肉食性昆虫，主要捕食各种小昆虫和小动物。它的两个大镰刀似的前足非常有特点，平时折叠起来，遇到猎物或者危险的时候，就摆出攻击姿态，保护自己。它偶尔也能进行短距离的飞行。在没有食物的时候，交配完成后雌螳螂还会将雄螳螂吃掉呢。

秋天是螳螂繁殖和交配的季节。雄螳螂为了寻找到合适的配偶，会使出浑身解数。它们不但在枝叶上展开自己的翅膀，而且还会摩擦翅膀，发出一种"沙沙"的声音。附近的雌螳螂听到这种声音就会赶来。

当雌螳螂来到雄螳螂面前，它们会通过触角进行进一步的沟通，然后将腹部末端对接，完成整个交配过程。

在这个过程中,有一种很奇怪的现象,那就是交配中的雌螳螂会吃掉雄螳螂。很多生物学家对此也很不理解,他们猜测,可能是雌螳螂的食量比雄螳螂大很多,在没有吃饱的时候,它就会将正在交配中的雄螳螂吃掉。

完成交配以后,雌螳螂过两天就开始产卵了。它产卵的方式比较特别,既不是将卵产在土中,也不是将卵产在植物组织内,而是将卵产在树枝表面。

到了第二年春天,卵就变成了若虫,经过很多次的蜕皮,就成为成虫了,就可以开始继续交配、产卵,完成一个生命周期。

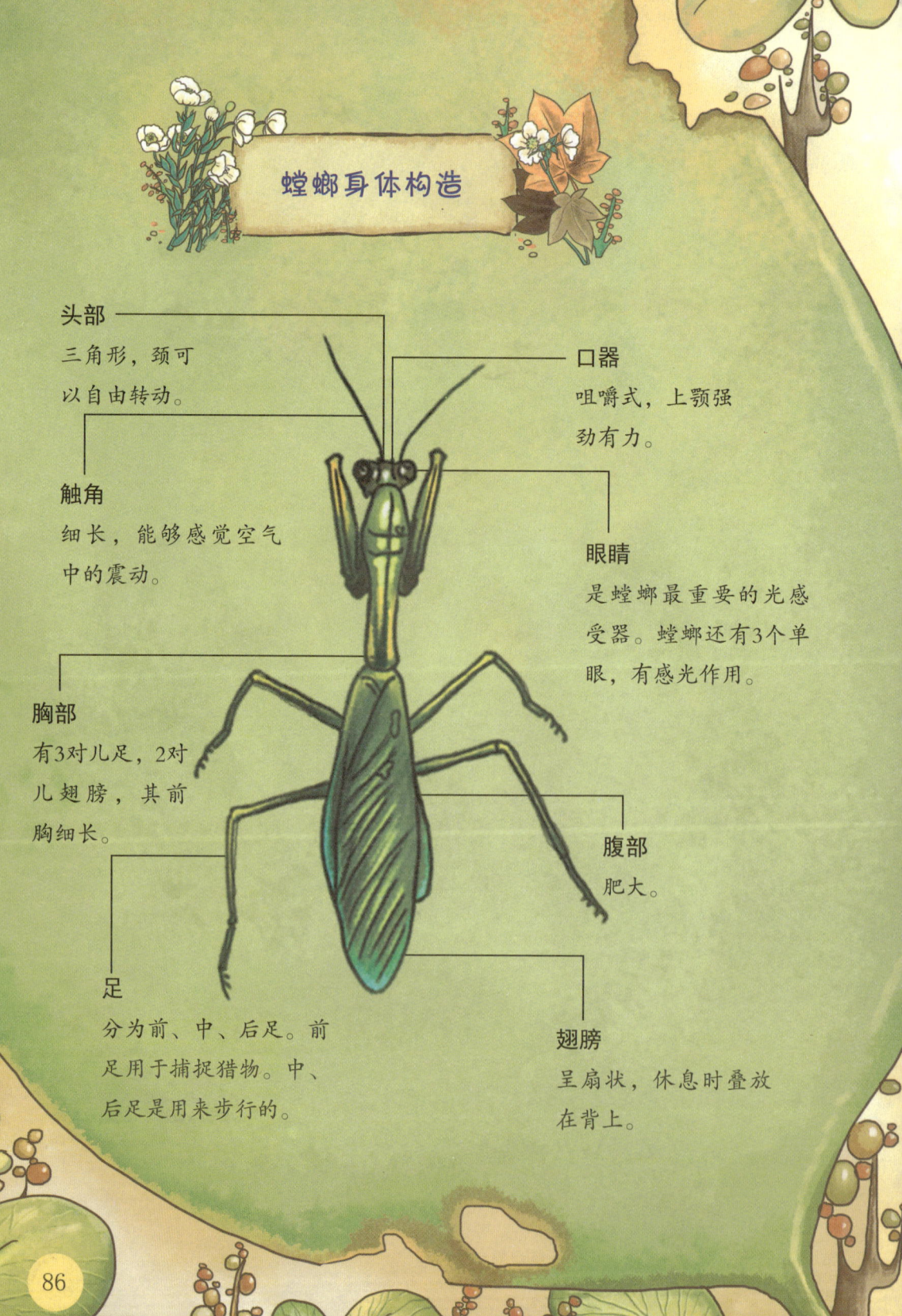

螳螂身体构造

头部
三角形,颈可以自由转动。

触角
细长,能够感觉空气中的震动。

胸部
有3对儿足,2对儿翅膀,其前胸细长。

足
分为前、中、后足。前足用于捕捉猎物。中、后足是用来步行的。

口器
咀嚼式,上颚强劲有力。

眼睛
是螳螂最重要的光感受器。螳螂还有3个单眼,有感光作用。

腹部
肥大。

翅膀
呈扇状,休息时叠放在背上。

请把螳螂的交配图准确连线

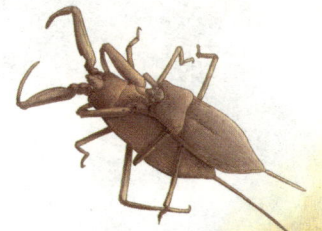

黄腹鹿子蛾
还会假冒胡蜂呢

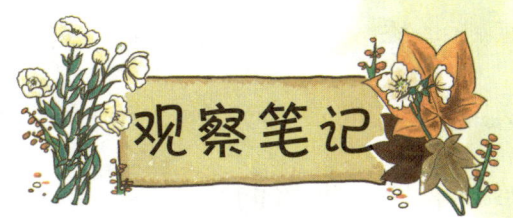

观察笔记

食物： 花蜜

居住地： 平地，低海拔山区

一般的蛾类都是晚上活动，但黄腹鹿子蛾却不是，因为它的外形特别像胡蜂，所以它总是喜欢伪装成胡蜂，导致很多天敌不敢随意侵犯。在这种凶恶外表的掩护下，它们经常在白天出来活动，在花丛中飞来飞去，采食花蜜。

在春夏秋三季，我们经常能看到黄腹鹿子蛾的身影，尤其是夏天，是它们最活跃的时节。这个时候，它们已经成熟，开始了求偶、繁殖的过程。

求偶的时候，雄黄腹鹿子蛾会在花丛中飞来飞去，到处寻找雌黄腹鹿子蛾，以达到交配的目的。它们找到自己

满意的雌黄腹鹿子蛾后,就开始发动求偶攻势了。首先,雄黄腹鹿子蛾会用自己鲜艳的外表吸引雌黄腹鹿子蛾,引起对方的注意后,它就会慢慢靠近对方,以博取其好感。

经过一段时间的近距离接触，雌黄腹鹿子蛾如果对雄黄腹鹿子蛾有好感的话，它们就会开始交配。

黄腹鹿子蛾的交配方式很特别，不是上下的，而是背对着的。它们尾部对着尾部，头部朝向相反的方向完成整个交配过程。

完成交配以后，雌黄腹鹿子蛾就开始寻找产卵场所了，它们一般将卵产在植物茎内或者叶子上。

黄腹鹿子蛾身体构造

触角
比较长，呈丝状，位于头部上方。

口器
虹吸式，将口器深入花中，取食花蜜。

头部
较小，头上有触角、口器和复眼。

复眼
不是很大，位于头部两侧，比较敏感。

翅膀
2对儿，上翅比下翅大很多，翅脉为黑色，还有好多淡黄色的区域。

胸部
不太粗壮，不发达，翅膀位于胸部。

腹部
细长，圆形，有黄黑相间的条纹，看起来非常漂亮，生殖器官位于腹部末端。

请把黄腹鹿子蛾的交配图准确连线

观察笔记

食物:桑叶

居住地:桑树

大家可能见过蚕宝宝,其实那就是家蚕蛾的幼虫。但相信很多人没有见过家蚕蛾。家蚕蛾最喜欢吃桑叶了,其他的一些叶子,比如榆树叶、柞树叶和莴苣叶等也能吃。家蚕蛾成虫交配、产卵以后,是不吃东西的,经过10天左右的时间,自然死亡。

家蚕蛾一生经历卵、幼虫、蛹、成虫四个阶段。家蚕蛾的交配比较特别,不像一般的昆虫那样是雄虫主动寻找雌虫完成整个过程。家蚕蛾的交配是雌家蚕蛾主动伸出产卵器,然后释放出一种激素,这种激素能够被雄家蚕蛾发现,并将其引诱过来。这个时候,它们开始交配,1.5至2个小时就可以完成。

交配完成以后，雌家蚕蛾就开始产卵。绝大多数的卵是在交配完成后第1天产下的，第3天完成整个产卵过程。这个时候，家蚕蛾成虫是不吃东西的，大约经过10天，它们就自然死亡了。

家蚕蛾身体构造

触角
一对儿，呈双栉状，具有触觉和嗅觉，非常灵敏。

复眼
一对儿位于头部两侧，复眼之间距离不是很大。

口器
退化，产卵后的家蚕蛾不吃东西，直到自然死亡。

头部
较小，头部有触角和复眼。

胸部
胸部腹面各有3对儿胸足，分别位于前胸、中胸和后胸的胸节处，中胸和后胸背面各有一对儿翅膀。

腹部
雌家蚕蛾腹部7节，雄家蚕蛾腹部8节。雄蛾的外生殖器和雌蛾的产卵器都位于腹部。

翅膀
一对儿，位于胸部，翅膀不透明，翅脉不是太明显，外表被一层绒毛覆盖。前翅有明显的纵脉，翅膀的边缘到顶端是内凹的。

请把家蚕蛾的交配图准确连线

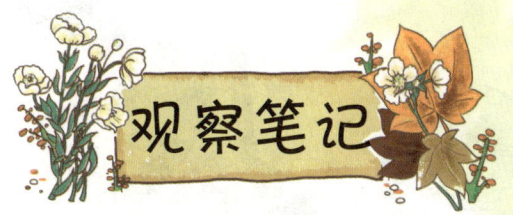

观察笔记

食物： 植物叶片

居住地： 田间，山区的草丛里

我们平时经常能在田间地头看到台湾大蝗的身影，尤其是在秋天。台湾大蝗整个身体都是绿色的，大腿粗壮有力，善于跳跃，也能够短距离、短时间飞行。它们主要以一些农作物的叶片为食，有时候会爆发蝗虫灾害，大片蝗虫会将农作物啃食干净，造成绝产。所以，台湾大蝗是人们非常讨厌的农业害虫。

每年的夏天和秋天是台湾大蝗的繁殖季节。这个时候,台湾大蝗就开始主动求偶、交配。雄虫的后腿能够摩擦,产生一种独特的声音,这是它寻找配偶时候发出的信号。雌虫听到这种声音,就知道是雄虫在召唤,于是就去寻找雄虫。

之后，雌虫和雄虫会进行简单的交流。这时候，雄虫会爬到雌虫的身上，身体同向，雌虫在下，雄虫在上。雄虫用自己的触角接触雌虫的触角，进行独特的沟通。沟通顺利的话，雌虫和雄虫接下来就会完成交配过程。

这个时候,雄虫会将腹部稍微向下弯曲,将腹部末端的生殖器官靠近雌虫腹部末端的生殖孔。雌虫将腹部末端的生殖孔打开,完成交配。

台湾大蝗身体构造

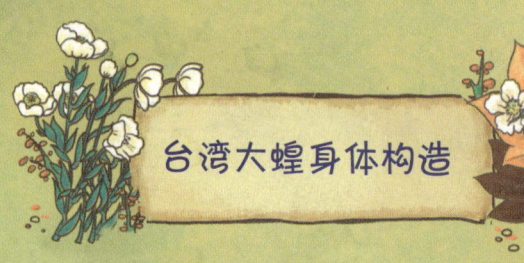

头部
绿色,复眼占据一大部分,头部还有触角和咀嚼式口器。

口器
咀嚼式,上颚发达,便于嚼碎植物叶子,味觉器官在口器内。

胸部
比较短,但胸腹部坚硬、平坦,中胸和后胸不能活动。

腹部
很长,分为很多节,腹部末端是生殖器官和产卵器。在第一腹节的两侧有薄膜,是主要的听觉器官。

复眼
非常敏感,为黄褐色,是主要的视觉器官。

触角
一对儿,不是很长,丝状,位于头部上方,颜色是黄色的,触角上有嗅觉器官,比较敏感。

翅膀
2对儿前翅较大,不透明;后翅比较小,透明,被前翅覆盖住,翅脉比较清晰。

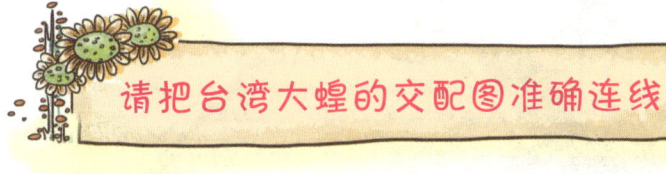
请把台湾大蝗的交配图准确连线

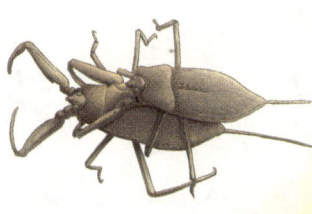

芋头田里的拟稻蝗

观察笔记

食物： 水芋

居住地： 平地，低海拔山区的芋头田间

我们平时看到的拟稻蝗身体比较小，只有两三厘米，通体是翠绿色的。它主要生活在芋头田附近，以水芋为主要食物。在它的身体侧面，从复眼后面开始到翅膀末端，有一条黑褐色的纵向条纹，看起来非常漂亮。

拟稻蝗是比较特别的蝗虫，它的食性比较单一，主要是以水芋为食，所以它的危害性也比较单一。

每年的夏天和秋天是拟稻蝗的繁殖季节。这个时候，拟稻蝗就开始寻找配偶，以便完成交配。它寻找配偶的方法和其他蝗虫差不多，都是通过后腿摩擦产生的独特声音来吸引附近的雌虫，雌虫一旦接收到这种求偶信号，就会来到雄虫身边。

雌虫和雄虫相遇以后,也和其他蝗虫一样,通过触角相互沟通和交流。简单的交流过后,如果雌虫和雄虫都比较满意,雄虫就会爬到雌虫的身上,将腹部稍微向下弯曲,用腹部末端的生殖器官靠近雌虫腹部末端的生殖孔,而雌虫也会打开生殖孔,主动配合,完成交配。

拟稻蝗交配的时间不同,有的长,有的短。完成整个交配过程以后,雌虫就会离开雄虫,独自完成产卵过程。

拟稻蝗身体构造

触角
不是很长，丝状，位于头部上方，触角上有嗅觉器官，对气味比较敏感。

复眼
非常灵敏，是主要的视觉器官。

翅膀
2对儿，前翅比较大，为绿色，不透明；后翅比较小，透明的，被前翅盖住。

口器
咀嚼式，上颚发达，便于嚼碎植物叶子，口器内有味觉器官。

胸部
比较短，中胸和后胸不能活动，但非常坚硬。

腹部
分为很多节，末端是生殖器官和产卵器。腹部还有一层特殊的薄膜，是其听觉器官。

请把拟稻蝗的交配图准确连线

观察笔记

食物：花蜜

居住地：花丛中，果园中

无尾凤蝶主要生活在平地和低海拔地区，是平时比较常见的一种蝶。无尾凤蝶的身体主要是黑色的，但是有各种颜色的斑点，看起来非常漂亮。它的翅膀展开非常大，翅展甚至能够达到8厘米。因为它们没有尾状突起，所以被称为无尾凤蝶。

无尾凤蝶的一生要经历卵、幼虫、蛹、成虫四个阶段。夏天和秋天是它们寻找配偶、完成交配和产卵的季节。

无尾凤蝶寻找配偶时，会展开自己那漂亮的翅膀，吸引附近的雌蝶。雌蝶看到雄蝶展翅的样子，就会被吸引，主动飞到雄蝶的身边。此时的雄蝶会更加卖力地表现自己，雌蝶看到后会落到雄蝶的身边。很快它们就进入交配的过程。

无尾凤蝶的交配姿势是尾部相连，头部呈相反方向。它们将自己腹部末端对接，让生殖器交合，最终完成整个交配过程。之后，雌蝶就开始进入产卵过程了。

无尾凤蝶身体构造

触角
一对儿,位于头部上方。触角细长,底部距离很近,而顶部都比较粗壮,看起来就像是棒槌状的。

头部
很小,是褐色的生有触角、虹吸式口器和复眼。

复眼
一对儿,比较发达,位于头部两侧,没有单眼。

口器
虹吸式,上颚退化,上唇短小,下唇仅保留了下唇须。

胸部
不发达,中胸大,后胸背板小。

腹部
圆润,圆筒状的,是绿色的。此外,腹部还有产卵器和外生殖器。

翅膀
黑色,长有麟毛,形成各种斑纹。上翅比较大,下翅有明显的橙色斑。

请把无尾凤蝶的交配图准确连线

黑凤蝶

长得黑黑的吗

黑凤蝶虽然没有亮丽的颜色,但是它的翅展特别巨大,翅膀展开以后,非常漂亮。

观察笔记

食物：花蜜

居住地：平地，低海拔山区

　　黑凤蝶是大型蝶类，翅膀表面几乎全是黑色的，只有雄蝶翅膀的边缘有一些白色。它的翅膀展开非常大，翅展甚至能够达到12厘米。它们在春天、夏天和秋天都会活动，平时主要以花蜜为食，雄黑凤蝶偶尔也会在潮湿的水边吸收水分。

雄黑凤蝶寻找配偶最主要的武器就是自己那巨大的翅膀。附近的雌蝶看到雄蝶展开的巨大、漂亮的翅膀，一般都会被吸引过来。但是，雌蝶不会立即飞到雄蝶身边，而是在雄蝶附近徘徊，先观察一段时间，看看雄蝶是不是符合自己的要求。

经过一段时间的观察以后,如果确认雄蝶符合自己的择偶标准,雌蝶就会停下来,落到雄蝶的身边,进行进一步接触和了解。这个时候,雄蝶会更卖力地表现自己,来获取雌蝶的芳心。

黑凤蝶的交配姿势是尾部相连,头部相反。有时候,它们是在平地上交配,雌蝶和雄蝶都在地面上;有时候,它们会在树枝上交配,其中的一方抓住树枝,而另一方是悬空在空中。接着,它们将自己腹部的末端对接,完成交配过程。

黑凤蝶身体构造

触角
一对儿，位于头部上方。细长，比较敏感。

复眼
一对儿，位于头部两侧，没有单眼。

胸部
前胸比较粗，中胸和后胸相对细一些。

口器
虹吸式。上颚退化，不是很强壮，虹吸管是取食器官，是由下颚外颚叶延长并且合并形成的。

腹部
圆筒状，主要是黑的。此外，腹部还有产卵器和外生殖器。

翅膀
2对儿，都是膜质的，半透明的，表面几乎全是黑色的，只是雄蝶在边缘有一些白色的条状横斑。

请把黑凤蝶的交配图准确连线

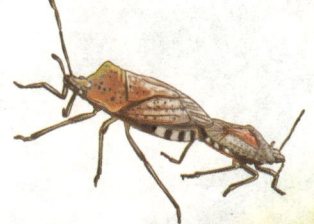

观察笔记

食物： 花蜜

居住地： 金露花、夹竹桃等植物上

桦斑蝶是大型蝶类，几乎全年都可以看到它们的身影，只是冬季非常少见。它们主要以花蜜为食，喜欢在日光下活动，身体有臭味，遇到危险情况的时候，就释放出臭气，可以避开敌害。桦斑蝶总是群体活动，成群结队地飞行。

桦斑蝶看起来色彩斑斓，非常漂亮。桦斑蝶一生经历卵、幼虫、蛹、成虫四个阶段。到了寻找配偶，完成交配和产卵的季节，它们就开始活跃起来。

雄性桦斑蝶寻找配偶的时候，总是张开它漂亮的翅膀，鲜艳的颜色一下子就将雌蝶吸引住了。雌蝶也会慢慢来到它的身边。紧接着，雄蝶就会利用它交尾器上特殊的器官，发出香气，增加雌蝶对它的好感。一般来说，经过翅膀和香气的展示，雄蝶都能够得到雌蝶的芳心。

一旦双方都比较满意，它们就开始交配，桦斑蝶的交配姿势和黑凤蝶一样，也是尾部相连，头部相反。它们在平地上或者树枝上交配，不管在哪里交配，都是始终保持这个姿势不变，直到交配过程结束，它们才分开，各自离去，然后雌蝶就开始产卵了。

桦斑蝶身体构造

口器
虹吸式。上颚退化，虹吸管是取食器官。

触角
一对儿，位于头部上方，触角前部逐渐加粗，但不是太明显，呈线状。

头部
很小，主要是黑色的，有白色斑点，头部有触角、虹吸式口器和复眼。

腹部
主要是黑色的，分为很多节。此外，腹部还有产卵器和外生殖器。

复眼
一对儿，位于头部两侧，比较敏感，比较光滑，便于观察周围环境。

胸部
前胸比较粗，有白色斑点，抗挤压能力较强。

翅膀
2对儿，底色是橘红色，末端有黑色和白色的斑纹。前翅翅顶是黑色的，上面有很多白色斑点。后翅中央有黑色斑点，雄蝶4个，雌蝶3个。平时飞行缓慢。

请把桦斑蝶的交配图准确连线

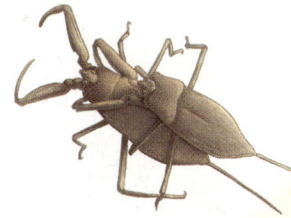

版权所有　侵权必究

图书在版编目（CIP）数据

昆虫学校秘密档案.形形色色繁殖谱/纸上魔方编绘.--长春：北方妇女儿童出版社，2020.1（2025.8重印）
ISBN 978-7-5585-2161-4

Ⅰ.①昆… Ⅱ.①纸… Ⅲ.①昆虫—儿童读物 Ⅳ.①Q96-49

中国版本图书馆CIP数据核字（2018）第019076号

昆虫学校秘密档案·形形色色繁殖谱
KUNCHONG XUEXIAO MIMI DANG'AN XINGXINGSESE FANZHI PU

出版人	师晓晖
策划人	陶　然
责任编辑	石晓磊
开　本	700mm×1000mm　1/16
印　张	9
字　数	100千字
版　次	2020年1月第1版
印　次	2025年8月第5次印刷
印　刷	河北晔盛亚印刷有限公司
出　版	北方妇女儿童出版社
发　行	北方妇女儿童出版社
地　址	长春市福祉大路5788号
电　话	总编办：0431-81629600　发行科：0431-81629633
定　价	20.00元